稀奇古怪的科学

怪物一样的数学

小月亮童书 / 编绘

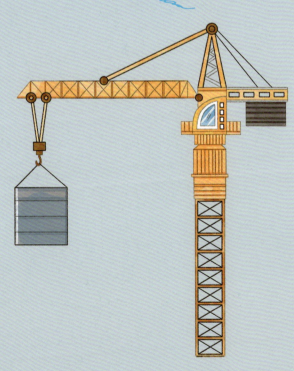

浙江摄影出版社

全国百佳图书出版单位

数学涵盖了代数、图形、运算、概率、信息等多方面的知识，广泛应用于科学研究、工程、医学、金融、农业等各种领域。

数学是什么？

一门学科。

数学是奇怪的图形。

计数法

在数字出现之前，人类用五花八门的方法来计数。

这种方法也用来记录月相。月亮的形状变化一次，就在石壁上刻一道线。

我要买这么多羊！

刻道计数
用刻在骨头或其他物体上的线条来表示数量。

⭐ **石头计数**
用大小不同的石头表示不同数量。
1块小石头表示"1"。
1块大石头表示"10"。

身体计数
手指和脚趾的数量恰好都是 10。

结绳计数
通过在绳子上
打结来计数。

结绳就是在
绳子上打结。

耳朵、眼睛、鼻子和
嘴也可以凑数！

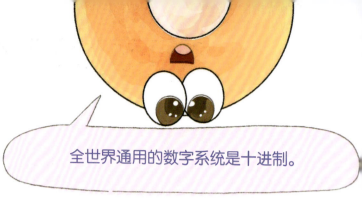

从 0 到 9 的 10 个数字能任意组合出任何数目。

全世界通用的数字系统是十进制。

饼干：7.50

数字并不是一开始就长这样，而是经过了漫长的演变。

即使语言不通，一看数字也能明白。

| | | | | | | | | | | |
| 1 | 2 | 3 | 4 | 5 | 6 | 7 | 8 | 9 |

| 10 | 100 | 1000 | 10000 | 100000 | 1000000 |

古埃及人用象形符号表示数字。

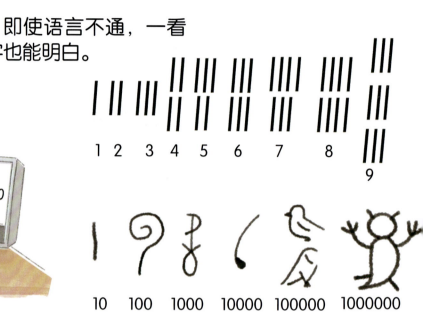

| I | II | III | IV | V |
| 1 | 2 | 3 | 4 | 5 |

| VI | VII | VIII | IX | X |
| 6 | 7 | 8 | 9 | 10 |

罗马数字源于古罗马字母。

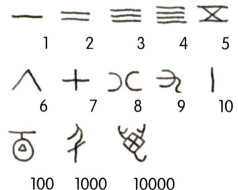

| | | | | | |
| 1 | 2 | 3 | 4 | 5 |

| | | | | | |
| 6 | 7 | 8 | 9 | 10 |

| | | |
| 100 | 1000 | 10000 |

这是中国古代的甲骨文数字。

大约在公元 700 年后，早期的阿拉伯数字开始出现。
11 世纪的西支阿拉伯数字如下：

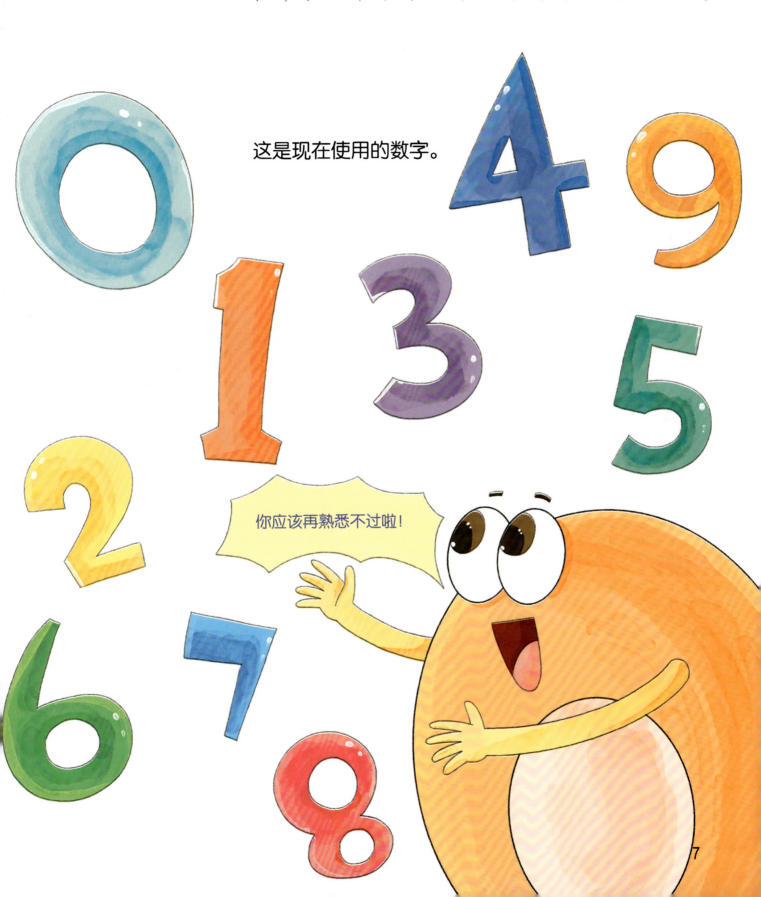

这是现在使用的数字。

你应该再熟悉不过啦！

基本几何图形

欢迎来到由点、线、面组成的图形世界！

这是 3 个点。

用直线连起来，变成一个三角形！

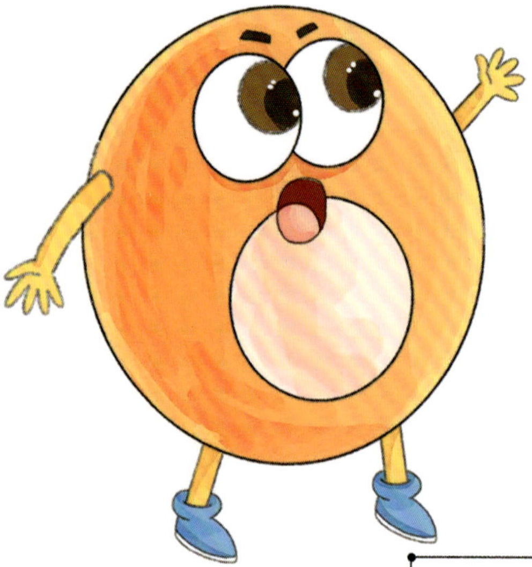

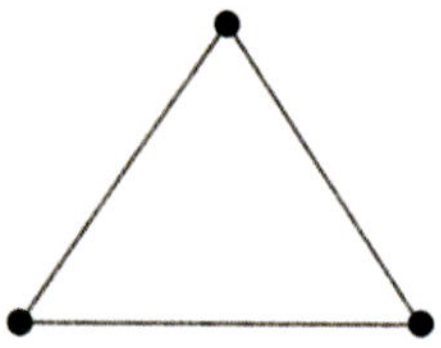

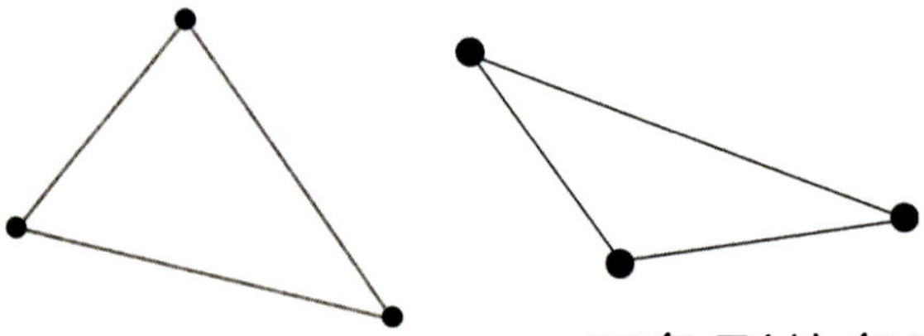

三角形的角可以任意拉伸。

4 个点可以组成很多图形。

这里有 4 个点。用直线连起来，变成四边形！

正方形

长方形

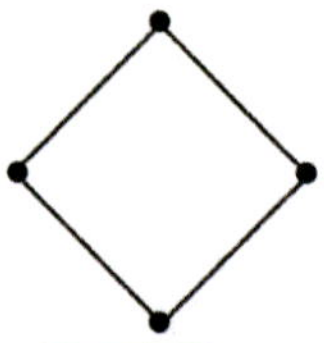

菱形

梯形

平行四边形

这里只有 1 个点，围绕这个点画个圈，中心对称的圆形诞生了！

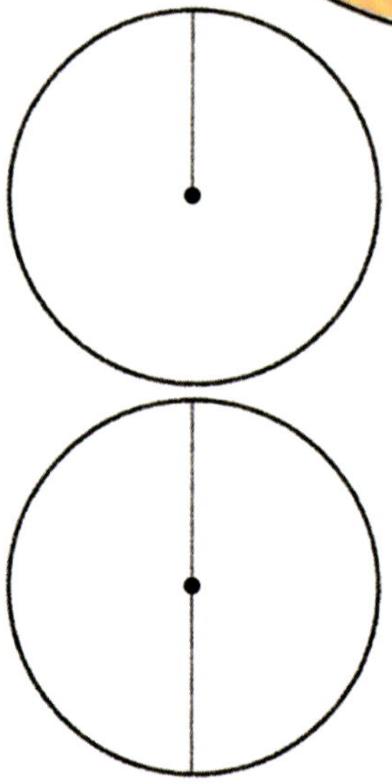

精确测量

在生活中，我们用数字和计量单位来表示各种东西的长度、重量、容积、速度和温度。

这是一肘长。

这是一尺长。

古时候，人们利用身体来测定一个量。

后来，使用工具更方便、更精确。

我比你重4斤！

现在是上午10点30分。

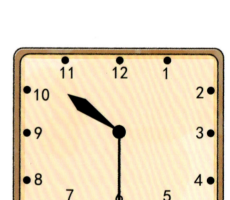

22kg

20kg

公平的分数

要把一份东西平均分成相同的几份，就要用到分数。

分数怎么写？

先在格子中间画一条横线，横线下面写分母，上面写分子。

1个蛋糕，5个小朋友怎么分？

每个人可以分到一半的一半的……

还是让分数来帮你吧！

有5个小朋友，所以要分成5等份！

每个小朋友能分到5等份中的1份，就是$\frac{1}{5}$。

这样你明白了吗？

把一个西瓜平均切成两半，每一半是西瓜的$\frac{1}{2}$。

平均切成10块，每一块是$\frac{1}{10}$，对吗？

没错！

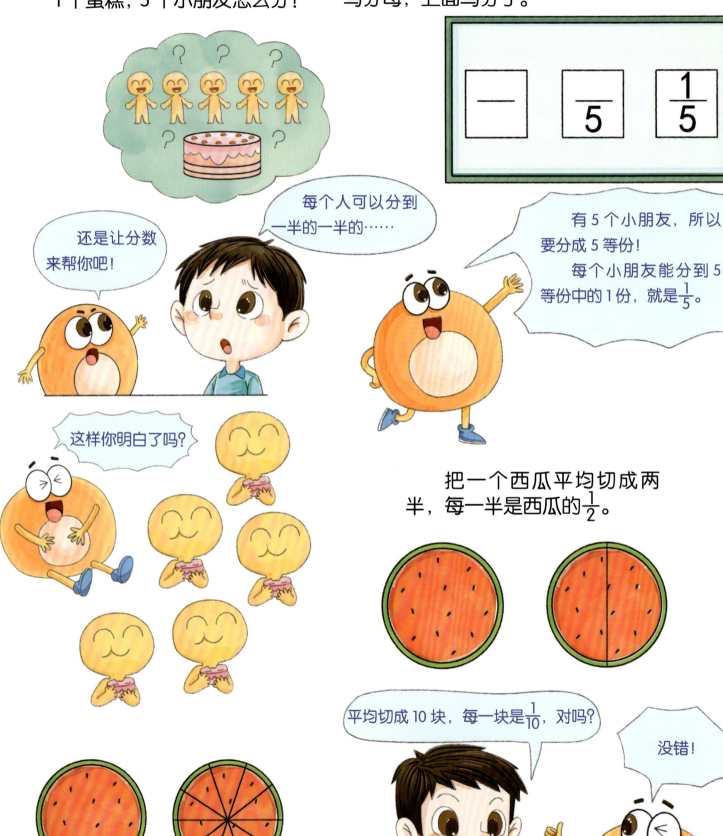

$\frac{3}{6}$

$\frac{4}{8}$

$\frac{5}{10}$

这几个分数看起来不一样，大小却相同，你知道这是为什么吗？

灵活的运算

利用加减乘除运算，我们可以应对学习和生活中的很多问题。

古人用一种叫"算筹"的小木棍来进行计算。

在运算中，会使用到定律和法则。

两个数相加，交换加数的位置，它们的和不变，即 $a+b=b+a$。

$$4+3=3+4$$

这是加法交换律。

这是同分母分数加减法的计算方法。

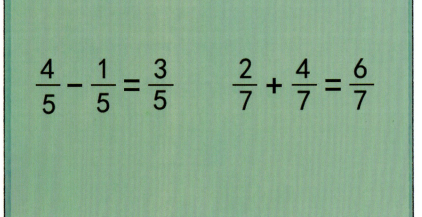

$$\frac{4}{5} - \frac{1}{5} = \frac{3}{5} \qquad \frac{2}{7} + \frac{4}{7} = \frac{6}{7}$$

同分母分数相加减，分母不变，只把分子相加减。

3 盒蜡笔，每盒 12 支，一共有多少支？

$12 \times 3 = \square$

用乘法来计算！

每个盘子放 6 颗草莓，30 颗草莓能放几盘？

$30 \square 6 = 5$

可以放 5 盘！

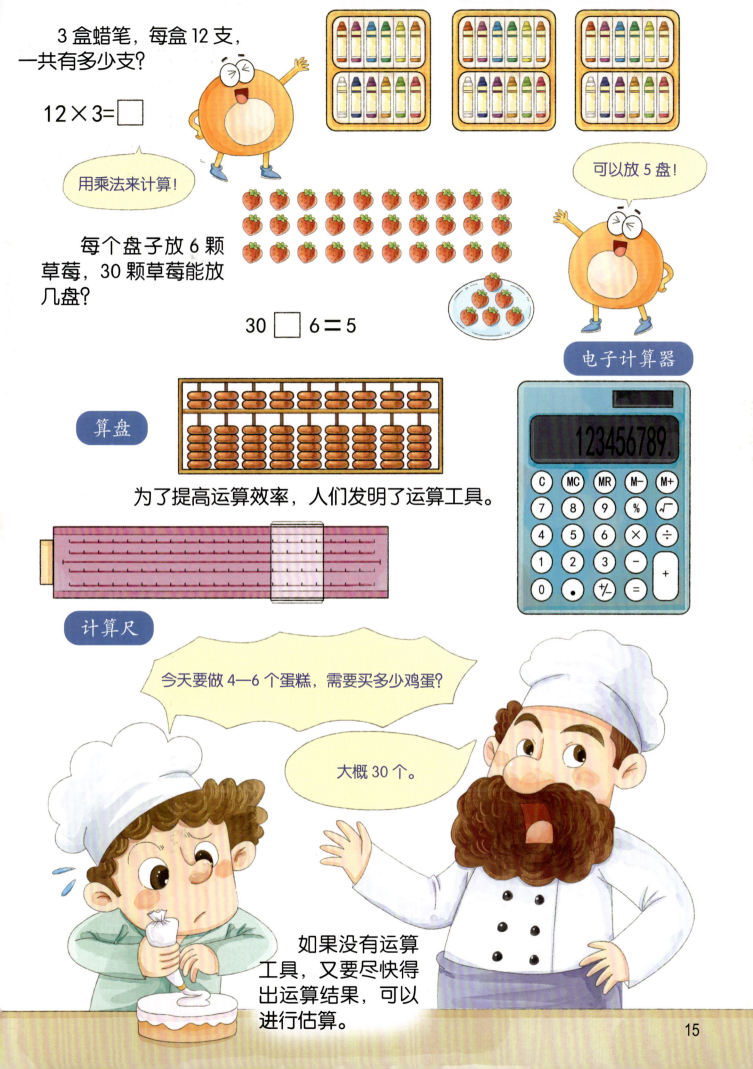

算盘

为了提高运算效率，人们发明了运算工具。

计算尺

电子计算器

今天要做 4—6 个蛋糕，需要买多少鸡蛋？

大概 30 个。

如果没有运算工具，又要尽快得出运算结果，可以进行估算。

概率和数据

通过数据进行概率统计，我们就能预估一件事情发生的可能性。

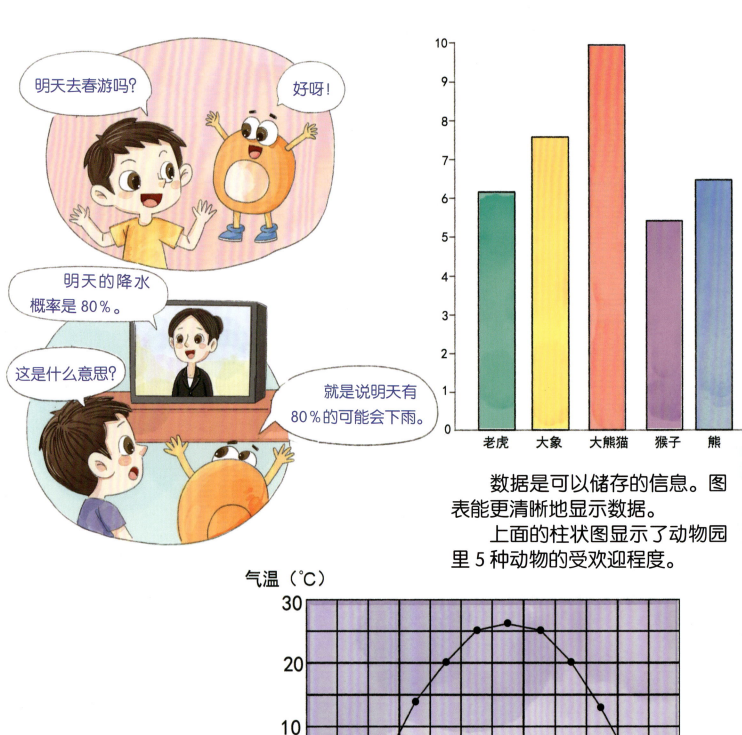

数据是可以储存的信息。图表能更清晰地显示数据。

上面的柱状图显示了动物园里 5 种动物的受欢迎程度。

右边的线形图用来显示月份和气温的关系。

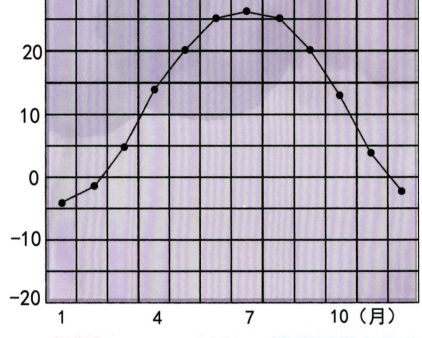

考验观察力和逻辑推理能力的时刻到了！你准备好了吗？

1. 想一想中间空缺的爱心应该怎么画。

2. 第 4 个盘子里不同形状的饼干要怎么摆放？

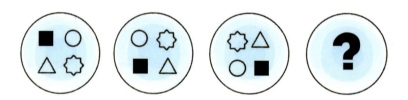

3. 观察一下，框里应是哪一种小鸟？

4. 最后一堆有多少颗黄豆?

 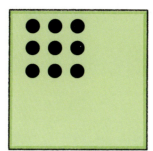 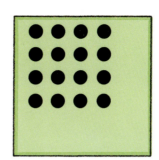 

5. 这些物品有什么共同规律?

从变化中推导规律，是解题的关键!

答案

1

2

3

4   25 颗

5   都包含了三角形。

从古至今，杰出的数学家为人类文明的发展做出了巨大贡献。

阿基米德（古希腊，前287—前212）

发现浮力定理和杠杆原理，为现代微积分的诞生奠定了基础。

希帕蒂亚（古罗马，约370—415）

世界上第一位女数学家，她改编的《圆锥曲线论》推动了数学的发展。

高斯（德国，1777—1855）

仅用圆规和尺就构建出了有17个角和17条边的正十七边形。

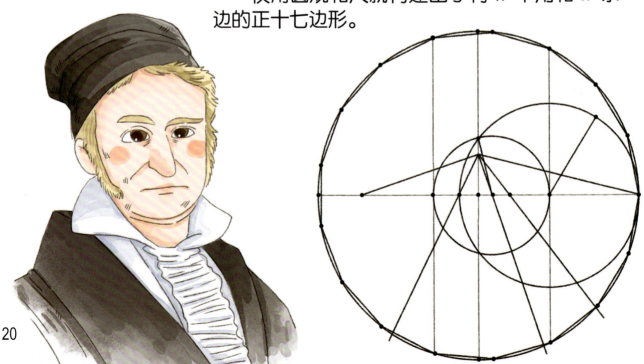

他与另一位学者莱布尼茨各自独立研究出微积分学，开辟了数学新纪元。

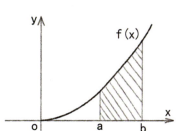

祖冲之（中国，429—500）

第一个把圆周率计算到小数点后第 7 位的数学家。

$$\pi = 3.14159265358\cdots\cdots$$

欧拉（瑞士，1707—1783）

创立了函数符号和分析力学，提出了"欧拉公式"。

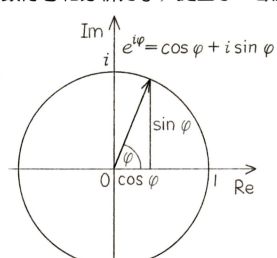

$$e^{i\varphi} = \cos\varphi + i\sin\varphi$$

生活中的数学

在生活中，我们每天都在跟数学打交道。

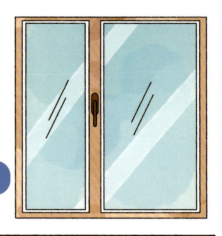

日历

四边形的窗户

圆形时钟

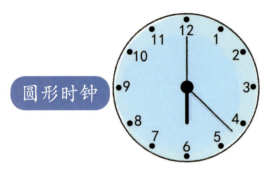

篮球场上的计分板

商品标价

苹果
5.99元/斤

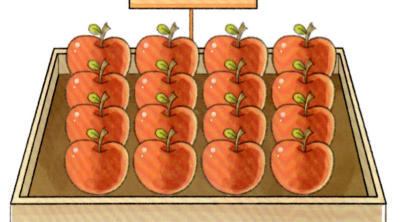

三角形的注意行人标识

电梯楼层按键

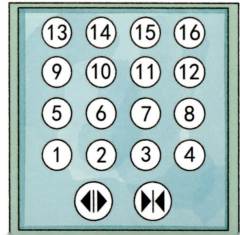

23

导航地图

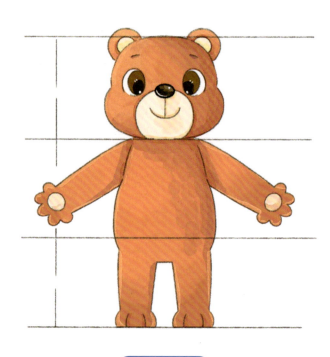

绘画比例

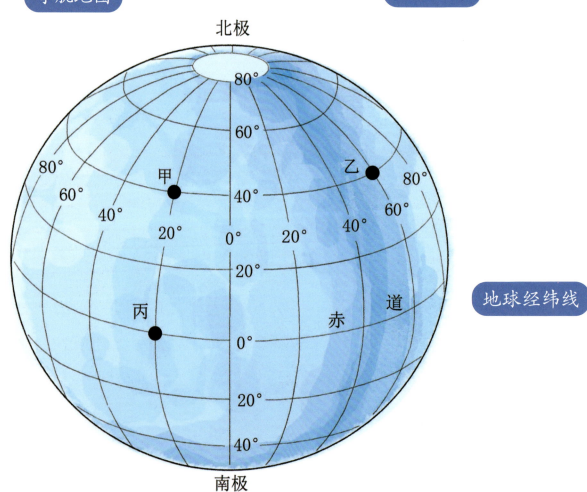

地球经纬线

探究天体运行轨道

建筑设计

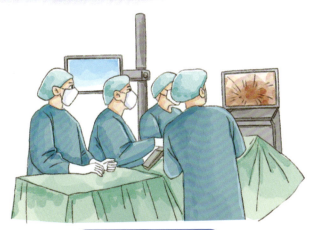

数字化外科手术

计算机编程

储蓄理财

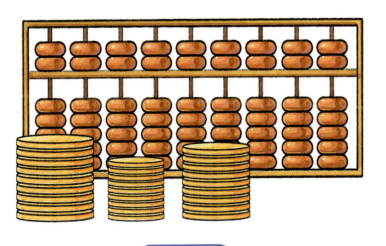

大自然中的数学

大自然中的数学奥妙
会让你大开眼界！

正六边形的蜂巢"小屋"

对称的八角金盘的叶子

七星瓢虫

团成球形睡觉的猫

大雁向南迁徙

八边形蜘蛛网

鹦鹉螺的外壳

树的年轮

责任编辑　陈　一
责任校对　华明静
责任印制　汪立峰　陈震宇

项目策划　北视国

图书在版编目（CIP）数据

怪物一样的数学 / 小月亮童书编绘 . -- 杭州 ： 浙
江摄影出版社， 2024.7
（稀奇古怪的科学）
ISBN 978-7-5514-4980-9

Ⅰ．①怪… Ⅱ．①小… Ⅲ．①数学－少儿读物 Ⅳ．
① 01-49

中国国家版本馆 CIP 数据核字（2024）第 106357 号

GUAIWU YIYANG DE SHUXUE

怪物一样的数学

（稀奇古怪的科学）

小月亮童书　编绘

全国百佳图书出版单位
浙江摄影出版社出版发行
　　　地址：杭州市环城北路 177 号
　　　邮编：310005
　　　电话：0571-85151082
　　　网址：www. photo. zjcb. com
制版：杭州市西湖区义明图文设计工作室
印刷：北京鑫联华印刷技术有限公司
开本：889mm×1194mm　1/16
印张：2
2024 年 7 月第 1 版　　2024 年 7 月第 1 次印刷
ISBN 978-7-5514-4980-9
定价：46.00 元